?

熊师傅，请回答

!

CONTENTS/ 目录

Q 1 -- 001
下属不好带想放弃,
又担心领导质疑自己的带人能力,该怎么办?

Q 2 -- 007
我不喜欢现在的工作,
但又害怕换的工作还不如现在这个,该怎么办?

Q 3 -- 011
工作 12 年了,
但始终没有找到可以"终身热爱的事业",我该怎么办?

Q 4 -- 017
想做自由职业者,但又害怕活不下去,该怎么办?

Q 5 -- 021
直属领导下周要带我去给大领导汇报工作,
我很想趁机展示一下自己的能力,请问我该怎么做?

Q 6 -- 025
工作强度很大,经常加班,
没时间建立行业人脉,该怎么办?

Q 7 029
开会时，我也希望像其他口才好的同事
一样妙语连珠，该怎么办？

Q 8 033
新任领导是我的学弟，读书的时候都是他听我命令，
我现在觉得别扭，该怎么办？

Q 9 037
很羡慕那些在应酬的酒桌上特别会说话的同事，
但觉得自己学不来，该怎么办？

Q 10 041
已离职，前老板仍然要我帮他处理很多工作，该怎么办？

Q 11 045
领导总是把他的工作任务交给我来完成，
自己落得清闲，该怎么办？

Q 12 049
新入职，同事都比我小十几岁，
年轻人的话题我听不懂，想补但不知道从何下手，该怎么办？

Q 13 053
出去办事回来被财务刁难，
说有些票据有问题不给报销，我该怎么办？

Q 14 — 057
下属总是自我感觉良好，喜欢抢话，
我想杀杀他的傲慢，又担心得罪他，该怎么办？

Q 15 — 061
领导是自大狂，喜欢反复吹嘘当年的辉煌史，
我觉得跟着这样的领导没前途，
想离职又下不了决心，该怎么办？

Q 16 — 065
AA 制的聚餐，我先把钱付了，
该怎么开口跟大家要钱？

Q 17 — 069
领导让我安排团建活动，
我在这方面毫无经验，该怎么办？

Q 18 — 073
和一个非常强势的同事吵架了，
想恢复我们俩的关系，该怎么办？

Q 19 — 077
A 同事习惯了以自我为中心，每次午饭时间，
她就开始喋喋不休地谈论自己的孩子。
我们想岔开话题又不想失礼，该怎么办？

Q₁

下属不好带想放弃，
又担心领导质疑自己的带人能力，
该怎么办？

关键词：团队管理技巧

！熊师傅的锦囊妙计

这个问题可以拆解成两种情况：一是下属能力不足，我要不要放弃他；二是我向领导做过保证，现在不好意思承认自己做不到，怎么办。

从古到今，上下级关系只有两种，那就是"封建制"和"郡县制"。"封建制"下你只对自己的直属领导负责，直属领导决定你的聘用、解聘、待遇，你对大领导只需要礼仪上的尊重，并没有直接的服从关系。今天的各类公司、项目组、演艺工作室、饭店等等，仍然有这种特色，一个部门或者项目负责人离职，就可能会带走一个团队。

"郡县制"是指你的领导是公司委派到那个职位上的，他在那个位置，你就听他的；他走了，你就听下一个人的。你的薪酬待遇合同是跟公司签署的，跟领导个人没有太多关系。就像宋朝之后，州官要造反，县官绝对不会跟着他起哄。因为大家虽然工作上是管辖指导关系，但每个人的权力都是朝廷给的。

今天大多数单位都是"郡县制"的。上下级之间没有人身依附关系，你管一个人，是因为公司认为你的管理会给公司带来效率和效益，而不是公司把这个人交给你，让你把他"养大成人"。

这是很多基层管理者常见的认知误区，他们不是以一个管理者的身份来对待下属，而是以"教育者"的身份去"栽培"对方。把自己累得要死不说，把下属看作自己的财富或者附庸，既是对下属的不放心和不尊重，也是不正常的控制欲在作祟。

这种"我是教育者"的心态，会让你对下属负起不该负的责任，你会分担他的工作、他的过错，你会试着"拖着他前进"，你把不能胜任工作的人留在了公司，这也是对公司的不负责。

我们经常说"职场是个好学校"，这是从收获而言的，如果管理者也把职场当学校，非要去照顾后进生、"放牛班"，只会让部门甚至公司陷入低效，最终可能造成整个部门的崩溃。

所以，在职场上，当发现下属能力不足的时候，应该迅速对下属做一个评估：是因为能力问题，还是态度问题？如果是态度问题，那就果断放弃他。能力短板能否在短期内改善？不能的话那就放弃。还要设置一个止损时间点，达到止损点时没有达标，还是要放弃。

一旦发现下属不能胜任工作，应该尽快与其谈话，把话说明白、说透彻。很多年轻人，尤其是刚工作的年轻人无法听懂职场上委婉的话术，你最好用最直白的话跟他说："我觉得你和公司的要求有差距。"（注意，是公司的要求，不是你个人的期待。）"我跟领导争取了一下，你有三个月的时间证明你自己。（明确时间点，要考虑合同的试用期或者续签时间。）我希望三个月之后，你能够达到×××绩效指标。如果达不到，我希望你能够去选择更适合你的公司和工作。"这个指标越具体越好，是销售额，或者是流量要求，再或者是独立完成一个项目，你说得越明白，未来的怨恨也会越少。

这不是放弃，更不是抛弃，你是在对公司、对老板、对股东负责。这叫作"吐故纳新"，是管理者必须做的一件事。当然，谈辞退人的时候，不能侮辱人、挖苦人，客客气气、合情合法地结束这段雇佣关系，对公司、对方和你个人都好。

在职场中最重要的人际关系就是你和你直属领导的关系。接下来我们再谈谈决定承认下属不行的时候，应该如何应对你的领导。

你的领导未必是越级指挥，他更可能是提醒你躲开没有必要的雷。"郡县制"的公司里，你的领导对你的下属有观察、监督的责任，领导对你的下属提出意见或者批评，你要正视这种意见或批评，认真分析一下领导这么说的理由。如果你这样认为，"他居然越过我去批评我的人""他难道是不信任我的眼光吗"，那你们的关系就容易出现裂痕。

人是非常复杂的动物，以"识人"为骄傲，很容易遇到"看走眼"的情况。当我们还没有看透一个人的时候，很容易对其产生误判。当你对一个人有了深入了解，修正了之前的看法，对这个人的评价有了变化，这是很常见的现象，没有人会觉得看法改变的人是傻瓜，不要为了维护错误看法而付出惨痛的代价。

你辞退一个曾经看好的下属，不会让你在领导面前没面子。相反，你的领导只会觉得你是一个灵活的人，而他的建议被你采纳了。如果你继续嘴硬下去，继续维护一个不能胜任工作的人，等到别人把你和下属的各种失误传到领导耳朵里，那才会有真正的麻烦。

你可以用最直率的方式来应对领导：承认自己的误判，汇报决定，称赞领导的高明。"领导，还是您说得对。""我觉得某某的能力可能确实不能胜任这份工作，我希望尽快和他解约，请人力部帮我招聘这个岗位的新员工，我的理由是……""还是您看得准，您当时是怎么看出来他不行的呢？"

这不是溜须拍马，领导说这个人不行的理由，可能就是他的职场相人心得，这都是不传秘法，这种交流，反而会拉近你们之间的关系。

下属做得好，放手提拔、奖赏；下属做得不好，该辞掉就应该辞掉。工作已经这么辛苦了，为什么不和更强、更合适的人共事呢？

Q₂

我不喜欢现在的工作,
但又害怕换的工作还不如现在这个,
该怎么办?

关键词:职业规划选择

! 熊师傅的锦囊妙计

一个决心离开的人会积极主动地总结这份工作的各种缺点，来坚定自己离开的信念。一般说出这些话的人，就知道他已经下定决心，而且会在半年之内离开：

"我的领导是个××。"

"我觉得自己没有提升的空间了。"

"我觉得这个行业在走下坡路。"

"我收入太低。"

"这个公司钩心斗角，关系太复杂。"

只是含混地说"不喜欢"，很难说出"为什么"的人，他们的问题大多可以解决掉，并没有到非换工作不可的地步。这类人往往是最近工作中遇到一些不顺心的事情，或是一个项目没有做好，也可能是遇到了不友善的同事，想加薪不好意思提，或者仅仅是因为太累了。

你说"不喜欢"自己的工作，我建议你可以先休个年假，出去走走。如果时间上有富余，你可以参加一些培训，学点东西。也可以找几个行业内的朋友聊一聊、吃吃饭，听听别人的不爽和为难，把自己的平衡找回来。

如果休假、培训、聊天都试过了，还是感觉不喜欢，那就好好总结一下为什么不喜欢,那时候你也就有换工作的觉悟了。

换工作不仅有"不确定性",同时也是一件高风险的事情:你要适应新的工作岗位,不同的做事风格,不同的领导,不同的同事,不同的下属,如果你是一个空降过去的领导,还可能受到部门实力派的阻击和算计。

你也许还要适应不同的办公系统和设备,可能要被迫搬家到新公司附近。可能你的薪水有所上涨,但在形势不好的时候,大概率是会与之前持平或者微降。很快也会有新的绩效重重压在你的身上。如果你换的是不同行业的工作,那就要边学边干,这是一个特别痛苦的过程。

换工作之前要做好充分的准备,才可能规避掉风险,想清楚了再跳槽,这就是谋而后动。换工作之前,打听清楚你要去的公司的状况:这是一个上坡进步的公司,还是如日中天的大平台,或是正在衰落但品牌不错,仍然值得一去的公司。

换工作之前,想清楚你图这份工作什么。想想你能从这家公司得到什么,是更丰厚的收入,是一个带团队的机会,还是你简历上需要这个大公司的经历,又或是你要换到一个新行业,需要去这家公司学经验。

换工作之前,想清楚你能抵抗风险吗。去一个新公司最糟糕的情况就是"没过试用期"。在试用期被解约,是无法获得补偿金的。所以你手上的现金,一定要能够保证自己可以支付 6 个月的房租和 3 个月的基本生活费。你最好有一个备选工作,对方一直希望你来,几个月内这个邀约都仍然有效。

换工作之前,最好跟你的配偶打好招呼。工作上的变化会让你压力倍增,这个时候有家人的支持和理解(包括金钱上的支持),会让你充满勇气。相反,新工作快定了才跟对方说,会让对方觉得自己的意见毫不重要。

最后,尽量克制自己的冲动,避免裸辞。

Q₃ ?

工作 12 年了，
但始终没有找到可以"终身热爱的事业"，
我该怎么办？

!

关键词：职业规划选择

! 熊师傅的锦囊妙计

首先我们需要明确一点，大多数人都做不到以自己最喜欢的事情为业。喜欢的快乐 + 胜利的快乐 = 从这个职业中收获的快乐。比如我有位朋友是初中老师，他站在讲台上，看见孩子们的笑脸，就特别开心、特别幸福；他带的班级在中考中大获全胜，不光在全校成绩是第一，还进了全市前三名，这种胜利也是工作给人带来的收获。

有的人虽然觉得自己"不喜欢"某个职业，但是能够在这个行业里坚持下去，因为他接受了艰苦的训练，他的经验和熟练度让他在这个行业中能够收获"胜利的快乐"，他也能够在工作中受到尊重，从而喜欢上这份工作。

相反，我也见过许多人从年轻的时候就一直热衷于追随自己的兴趣，在不同的职业中转来转去。当对某个职业的新奇感丧失之后，"热爱"也就变得无影无踪。他们确实尝试了很多种可能，人生变得足够丰富，但是他们从来没有真正收获过"胜利的快乐"，哪个职业都是浅尝辄止，结果就是哪个职业都没有做深、做精。

进入职场的头几年，与其去寻找自己的"一生所爱"，不如认真去挖掘自己的"一身所长"。人就只有一辈子，我们不能像打游戏一样可以另开新号，或是游戏通关后再开一个二周目。兴趣这东西大多是头脑一热，擅长才是内心的诚实要求。找到自己擅长的事情，在上面投入精力、站稳脚跟，"进"可以转到所需技能相近的职业，"退"可以保证自己在行业中占有一席之地，这是职场头几年要关注的重点。

举一个我自己的例子。我曾经两次转换职业，我的第一份工作是大学教师，教的是新闻采访与写作。因为种种原因，我必须要从大学离开，这个时候我就选择了最接近的行业，去做新闻记者，一连数年，一直做到一本综合性新闻杂志的主编。后来因为媒体时代的迭代，记者转行的很多，这时大家因为技能点不同，转型的方向也就有所不同：善于采访、会跟人打交道的记者会选择去做企业公关；长于写作、刻画人物的记者会选择转型当作家或编剧；善于改写稿件、收集信息的编辑和记者则去做了自媒体公众号。如果你只有一招鲜，那你可能只能向一个方向转型。如果你三项能力都不弱，那你就有三种职业可以选择。我因为一直在研究人与人的关系，研究社会学、心理学类知识，所以在"得到"平台开了"关系攻略"和"职场关系课"这两门课程。我非常喜欢这个领域，我觉得我找到了终身热爱的事业。

有的时候我们找不到自己的"终身热爱"，不是因为我们迷茫多变，而可能是因为自己技能点还太少，还没能看到我们未来的方向。

"做什么都能做好"的聪明人是少数，大多数人时间和精力有限，未来可能还有家事、婚姻、养育子女的牵扯，最好是把每一分钟都用在刀刃上，尽早让自己变得更强。

我大学班主任曾经在入学之后就和我们几个男生聊过一次，他说："如果没有谈恋爱，也不要失落，时间如果放在锻炼身体和学好英语上，一定不会荒废。缘分这事，说来就来了。"找喜欢的异性如此，找热爱的事业也是一样。还有一点跟找对象也差不多，那就是：最终能不能找到热爱的事业，要看一点运气。

历史上做着不喜欢的工作又无法解脱的人很多，比如梁武帝渴望当个高僧，但皇帝的位置把他困住了。无心插柳，主业外找到自己所长，青史留名的也有不少：宋徽宗当皇帝都亡国了，但其书法绘画在历史上都是超一流水平；古罗马西塞罗的主业是搞政治，把自己的命都丢了，但他的《论老年》《论责任》反而成了经典名篇。

"多年没找到热爱的事业，还要不要找？"答案很简单，那就是"任性需要资本"。只是在各行业的初级岗位上兜兜转转，这不叫找热爱的事业，而是一种浅层的折腾。

齐白石一直在写诗，他曾把很多自己写的诗拿给专业的诗人和文学家看，有些刻薄的人就说他写得跟《红楼梦》里的薛蟠风格类似，但谁也不能否认齐白石在绘画领域的地位。乔丹曾经有一段时间暂时退役，改去打棒球，他一直很喜欢棒球，但是一年打下来，他明白了自己不擅长这件事，回到NBA重新帮公牛队拿到冠军。也有两样都擅长的人，欧阳中石就是一位书法家，同时又是著名的京剧票友和研究者，他是著名艺术家奚啸伯的学生。

生活无忧、行业内有地位、能进能退的人，才有"继续做喜欢的事"的资本。

Q₄ ────────────── **?**

想做自由职业者，但又害怕活不下去，
该怎么办？

关键词：职业规划选择 ──────────────── **!**

！熊师傅的锦囊妙计

尽量克制自己的冲动，凡事一定要三思而后行。我建议，在你的副业收入大于你的工作收入，且能完全负担自己和家庭支出时，再考虑自由职业。一旦你成了自由职业者，你的家庭成员很可能把你看作一个"不上班"的人，接孩子、辅导功课、交水电燃气费乃至全部的家务，都可能落在你身上。

大多数自称"自由职业者"的人，其实都是在委婉地表达：我还没有找到我的路。作家、画家之类真正的自由职业者除外。

如果坚持要做自由职业者，建议以三个月为限，到了三个月评估一下自己的效率和收入，如果不行就赶紧回去上班，千万别犹豫。

有的人经常觉得适应不了公司，不如干脆做自由职业者吧。我必须要说，这是人们对"自由职业"的一种误解。

一个国家的经济增长基本都是由各行各业的企业拉动，而不是靠人人干个体，正是因为公司这种形式效率更高，能够逼着每个人向前走。把大家集中在办公室里做事，有问题立刻沟通，这8个小时内不被家里的各种杂事打扰，这是公司对员工的束缚，但同时也是对员工的保护。

一个人如果从事自由职业,首先要面对的就是自己的惰性:舒服的床,穿着睡衣、拖鞋的安逸,大多数人都无法在家中保持效率。一个人只有同时拥有近乎苛刻的自律性和对事业的热爱才适合从事自由职业。

自由职业者也是有人管的,例如专栏作家、畅销书作者、漫画家,他们都经常被编辑催稿。他们都是行业内的人才,但仍然需要别人帮助,才能和自己的拖延做斗争。

Q5 ------------------------------- **?**

直属领导下周要带我去给大领导汇报工作，
我很想趁机展示一下自己的能力，
请问我该怎么做？

关键词：团队管理技巧 ------------------------------- **!**

！熊师傅的锦囊妙计

建议你还是要低调一点，是你的领导去跟大领导汇报工作，这件事的主角不是你。

不知道你听过郭德纲和于谦说相声没有，于谦总是客客气气地衬托郭德纲，但是喜欢他的观众也非常多，甚至比喜欢郭德纲的还要多，因为他善于帮衬，为人更温和。

直属领导说话的时候，一定要管理好自己的表情。无论是两人对一人的汇报，还是在多人会议上的汇报，都绝对不要有不耐烦、愁眉苦脸、叹气等让人怀疑、误解的表情出现。如果不是去报告坏消息，平静的表情就够了，可以偶尔微笑。

注意不要抢话。大领导看重一个人，一定不是看这个人多么会展示自己的能力，而是会选择记住那些看着顺眼的人。抢话和其他想出风头的表现，都是做下属的大忌。在直属领导让自己补充的时候，简明扼要地解释清楚，会让直属领导安心，也会让大领导觉得你能力不错。

可以展示你的记忆力。如果你能够把数字装在脑子里，需要的时候脱口而出，会让领导觉得你在工作上很用心。相反，如果你弄错了或是说错了数据，尤其是工作上重要的数据，会被大领导认为你工作不努力。

别打扮得太招摇，不要和日常状态相差太多。女生可以化淡妆。太过招摇会让你的直属领导犯嘀咕，哪怕大领导是你童年的偶像或是读书时候仰慕的人，也不要穿得太夸张去见他。在公司用力太猛会让周围的人觉得你没有见过世面。

汇报前吃好睡好。没开玩笑，喝太多水、吃太多油腻、辛辣的食物，摄入咖啡因过多，这些都会让你不舒服。你是下属的下属，大领导不会多去判断你的能力，不会问你太多的问题，但是如果你中间请假出去上厕所，或者困得睁不开眼，那你将会同时得罪直属领导和大领导。

汇报时衣着整洁。避免使用过量的头发定型剂或香水（无论领导是同性还是异性）。一些以才子自居、穿着随便的男员工，最好穿一件有领子的休闲商务西装（要求穿正装或制服的单位除外）。大领导很忙，所以他们会选择最能快速判断一个人的方式，那就是以貌取人。

不要把"展示"这件事看得太重，汇报是日常工作，而不是配角的秀场。

Q6

工作强度很大，经常加班，
没时间建立行业人脉，
该怎么办？

关键词：工作成长技巧

！熊师傅的锦囊妙计

你的问题其实是由两个问题组成的：工作强度很大经常加班，怎么办？没办法建立行业人脉，怎么办？这两个问题如果混为一谈，不要说解决问题了，就连理解你自己现在的处境都非常难。

如果你的加班是因为人手不够，两个人的活一个人做导致的，那你就要"叫苦叫累"。这不是埋怨和牢骚，要私下告诉你的领导，你做了两个人甚至更多人的工作，短期之内还可以；但是长期来看，这种强度容易出现失误，给公司造成损失，希望能把一部分工作分出去给别人，或者招聘新员工分担工作。

你还得明白一个道理，分担工作的同时意味着这部分成绩和权力也归对方了。如果你是一个基层管理者，因为缺人导致高强度加班，你就需要找你的领导申请资源。希望获得人员编制的配额，增加一个员工，或是把一些你们部门不擅长的工作外包给乙方或外聘人员，也可以借调人手、招实习生，让他们来分担你和下属们的工作。

如果你的加班是因为管理问题导致的，那就赶紧改善你的管理。不同的人擅长不同的工作，把人调整到正确的岗位上，裁掉最弱、最懒的人，给大家合理的奖励，可能会改善整个流程，你就没有这么累了。

如果你本身就在一个举步维艰的公司，公司就靠加大你的劳动强度来苦苦支撑，那你现在需要的不是人脉，而是面试机会。工作太糟糕、工种没有技术含量，你是结交不到什么人脉的。许多人工作了好多年，认识的人仍然很少，就是这个原因。

有的忙是由于能力、经验不足造成的，这是很多新人的困局。在这种适应工作、积累经验的阶段，活下来、学会了是第一要务。什么"获取行业人脉"之类的话，都得以后再说。

军队里有种说法，"新兵连三个月最苦"。这不是因为老兵的日常训练轻松，而是因为新兵的身体素质、能力还没有适应高强度的训练。职场也是如此，刚上手一份工作，别人8小时能完成的任务，你可能需要12个小时，因为经验少、不熟练。你必须咬紧牙关挺过这个新手期，每个行业、每个岗位的新手期都可能不同，有的可能是三个月，有的可能长达一年。医生是高收入群体，但是他们都要经历"住院医师"这个痛苦的阶段，虽然是医学院毕业，但你没有经验，就要先值夜班，连轴转，去获取经验。

公司上升期，你跟着公司一起走上坡路，这个时候忙、累都是正常现象，就像健身之后觉得肌肉酸痛——这是令人欣喜的痛。这个时候也不要着急说"太忙了,没空去建立行业人脉"。

最有用的人脉,永远在行情最好的行业,永远在实力最雄厚的公司。张小龙做出微信这个产品之前,他可能只是很多人通信录里的一个熟人。在他把微信做成几亿人在用的产品之后,他才变成了"教父""大神",才被人看作人脉。

你跟公司一起爬坡的时候,可能没有那么多"人脉",但是等到公司因为你的努力一路狂飙的时候,你就成了别人眼中的人脉。

除非是关系很好的老友,否则多数人愿意相助,是因为未来你也能帮上他的忙,如果是因为公司处于上升期太忙太累,那你就暂时别想人脉的事,先帮着老板把事做成。

人脉这个词特别形象。摸摸你手腕上的动脉吧。首先,动脉是一条通路,血液在里面流动;其次,这条脉一直在动。人脉和动脉很像,一个人愿意把你引荐、介绍给他的熟人、朋友,这就是达成通路。你们之间要有定期的互动,有什么动向会通报给对方。所以,你有某人的微信、电话号码,能把某个人叫出来聚会,不代表这个人就是你的"人脉"。

一个人愿意为你的人品或能力背书,愿意把你推荐给他的熟人认识,做牵线搭桥的事,定期互动,这才是"人脉"。

Q7 ?

开会时,
我也希望像其他口才好的同事一样妙语连珠,
该怎么办?

关键词:当众汇报技巧 !

! 熊师傅的锦囊妙计

热闹的妙语连珠不要学。在工作会议上想让自己更加突出，最关键的是做到靠谱。会议上，想体现靠谱要做到这4件事：

1. 领导分配的任务要立刻记下来；
2. 需要跟进的事情定期做好工作汇报；
3. 遇到疑难问题有请示；
4. 领导问起来，第一时间有回应，脑子里一直装着自己的工作。

如果你是一个靠谱的员工，完全没必要在工作会议上妙语连珠，时间就是金钱，领导和同事没时间听你的开放麦脱口秀。有就是有，做了就是做了，完成了就是完成了，失败了就是失败了，这些事情不会因为你优秀的表达能力而有任何改变。

如果你连靠谱都做不到的话，还要去学别人妙语连珠，那么你的妙语连珠就会让领导反感，从而变成另外一个词——巧言令色。

孔子曾经说过，"巧言令色，鲜矣仁"。孔子肯定不是嫉妒那些妙语连珠的人，而是告诉我们一个真相：如果我们过于追求妙语连珠，那我们关注的重点就不再是工作，不再是为自己的领导分担，不再是为我们服务的机构去创造价值，而是去讨一些人的欢心，这会让我们在职场上的每个动作都变形，日子久了，是没有办法成功的。

用妙语连珠去讨好领导、愉悦同事，那就是巧言令色，就是"不仁"了。没有真正的本事，只是靠讲俏皮话去讨好领导，在领导心气不顺的时候，他就会成为第一个受冲击的人。领导很少会因为妙语连珠去提拔某个人，但同事却可能因为巧言令色而疏远某个人。

在工作会议上，追求妙语连珠是非常危险的。除了业务培训，一般有4种功能型会议：布置任务、讨论方案、跟进流程、总结与提高。这4种会议，追求的其实都是工作效率，工作时的执行力、突破力，以及提出解决方案的能力，没有一种会议需要"妙语连珠"或是"金句迭出"。

还有一个重要的知识点：真正的妙语连珠，都源自表达者本人的才华。有的人既能把每句话讲得生动有趣，同时又追求语言的工整，这对他来说都是自然而然发生的。这种就是有才华的人。

才华绝对不是一两天时间能学得来的。我们常说"腹有诗书气自华"，一个人能说出好听的话，不仅仅是因为他的口才厉害，更重要的是他有见识、有积淀，这绝不是一天两天能练成的。

另外,在一些扁平化的公司,你会发现人人似乎都可以妙语连珠。但是在一些等级分明的单位,你就会发现,只有领导或是领导最宠爱的员工才可以妙语连珠,其他人不是没有这种能力,而是因为他们明白妙语连珠这件事的规则。

先把靠谱做好,如果还有余力,自然就会产出金句,说出妙语。

Q8 ?

新任领导是我的学弟，
读书的时候都是他听我命令，
我现在觉得别扭，
该怎么办？

关键词：应对职场落差 !

❗ 熊师傅的锦囊妙计

你可能真的想多了,别说领导是你的学弟,就算领导是你的亲儿子,他也是你的领导。你既然接受了这份工作,工作时间就没有什么学长学弟,只有上级和下级。

工作中不要主动提及你们的私人关系。绝对不要用"学长""学弟"这样的称呼,而是要用某总、某处、某主任、某科长这样的职务称呼。

如果别人提及你们的关系,可以打个马虎眼。举个例子,有同事发现新大陆一样来问你:"听说某总还是你的学弟呀?"这时可以用一种更平等的关系去指代,"我们是校友"。如果领导是你的学长,你是学弟,那就应该说:"对,他读书的时候就是我的领导了。"

有时候有些人嘴不好,他们会说:"你看某总,之前还是你的学弟,现在成了领导,居然就对你发号施令了。"这些看上去为你抱不平的人,有一些是傻子,但更多的是坏人。他们只是刺激你,想看看你的反应,一旦你的反应有不恭敬的地方,就会把它传到领导的耳朵里。

遇到挑拨你们关系的情况，你应该立刻开始称赞领导。"某总一直都很优秀，虽然是我的学弟，但我一直觉得他会成事，给他做手下，真的能发挥出我的能力。"如果有第三人在场，你称赞的话很快就能传到领导的耳朵里，一定不要吝啬你对领导的称赞。

你对领导的任何建议，都要私下沟通。因为他是你的学弟，你们是很亲近的关系，你们可以一起筹划一些事情，你们应该彼此信任，这才是这段关系最宝贵的地方。

Q9

很羡慕那些在应酬的酒桌上特别会说话的同事,但觉得自己学不来,**该怎么办?**

关键词:职场应酬技巧

! 熊师傅的锦囊妙计

我给你的建议可以概括为两句话：别去学他的妙语连珠，要去学他的人人兼顾。

跟工作相关的聚会和酒局，是把职场上的工作关系平移到了酒桌上，工作上的层级和各种关系仍然存在，所以一些规则仍然要遵守。

酒精的存在，又会放大每个谈话者的语言和动作，还会降低个人的反应速度和反应能力，这会让饮酒者更容易冒犯到别人，尤其是那种平时不喝酒的人。所以在这种酒局当中，首先考虑的就是自己的酒精耐受能力。

要注意"耐受能力"不等于"酒量"。因为酒量意味着喝到不省人事所需要的量，而耐受能力则是你保持正常判断，能够判断别人反应的那个量。大多数喝酒的人，都对自己喝到什么时候开始胡说八道没有一个正确的评估。

如果你服务的单位里没有恶性灌酒的传统，最好就干脆不喝酒，或者绝对不喝烈性酒，这是比较安全的一种解决方案。

通常来说在这种场合妙语连珠的人,不是因为上了酒桌才妙语连珠,而是他本身就具备强大的语言能力。这样的人往往酒精耐受力比较好,能够在饮酒之后不去冒犯别人。(常见的冒犯包括哭、损人、傻笑,非要拥抱别人和吐在别人身上。)

如果一个人在酒桌上很受欢迎,他一定还知道对什么人该说什么话,这不仅是酒桌技能,还是职场上说话的通用技能。

有一句话是"临渊羡鱼,不如退而结网",如果你在酒桌上不能做到妙语连珠,那最好的办法不是去练酒量,学别人怎么喝酒,而是去观察那些酒桌上受欢迎的人在恭维谁,跟谁开玩笑。他的那一句称赞,是如何做到巧妙而没有冒犯别人的;他的那句自嘲,为什么让大家哄堂大笑,但又对他毫无厌恶感。

你还可以做一件事,那就是服务。喝完酒的人在各方面都会变得脆弱,他们可能会摔倒、会身体不适、会情绪失控,这个时候,一个帮忙递纸巾、茶、漱口水、眼镜布的邻座,将会成为一个细心周到的好同事。

如果你完全不喝酒,你还可能接到一个重要的任务,比如送领导或一些重要的同事回家,和喝过酒的人聊天,或许能听到一些有意思的看法和评价。

Q10 ?

已离职,
前老板仍然要我帮他处理很多工作,
该怎么办?

关键词:离职纠纷处理

!

！熊师傅的锦囊妙计

一定要推掉。你和公司都不再受到劳动合同的保护，这对双方都是一件高风险的事。前老板和你的劳动关系已经解除了，这时无论你有没有新工作，都不适合再介入原公司的工作。

前老板继续找你，不是珍惜你，而是鸡贼。前老板一般来说都是这个借口：接手工作的人不给力，还是跟你合作舒服。很多人被这种迷汤一灌，容易觉得"你看，没有我你果然不行吧"，就傻傻地跑去给前任老板干活儿了。

如果真的是珍惜你、看重你，为什么你在公司的时候，他没有开出一个好条件，争取一个好待遇，努力挽留你呢？不留人才在前，利用别人的劳动力在后，这样的领导不是糊涂，而是鸡贼。有劳动合同的时候他都不去认真对待你的劳动，更何况是现在呢。

如果老板觉得非你不可，那就应该签一个劳务协议，这就是所谓的"先钱后酒"。你干一次活（或者最多一个月的活），就结一次劳务费。体面的领导，有时候也会跟前下属约活儿，但一定会早早开口，讲好价格。如果前领导不提钱的事，那就赶紧推掉好了,不然你很容易沦为给人白干活儿的廉价劳动力。

用现在的工作非常忙作为理由,来推掉前领导的工作,是最好不过的。"我下周一到周五要到××出差,估计得跟那边的同事连轴开会,下周可能没法给您。""抱歉,×总,才看到消息,今天都在开会。"

延迟回复、延迟许诺、延迟交货。前老板就会明白你不是一个适合白干活的人。推辞的时候言辞要恳切一点,不要轻易跟前老板撕破脸。

如果因为你的拒绝,他跟你发脾气,也不要觉得太遗憾。因为,一般来说有这么一个规律:准备白撸别人劳动力的公司啊,基本上开不长了。

Q11 ?

领导总是把他的工作任务交给我来完成,
自己落得清闲,
该怎么办?

!

关键词:上下级关系

！熊师傅的锦囊妙计

其实大概率是你想错了，你的领导可能根本没有"落得清闲"。职场上我们看自己，总觉得自己太忙。我们看别人，总觉得别人太闲。尤其是领导，我们总觉得自己的领导有太多空闲时间，不务正业。

其实他作为领导，本身就不应该再沉浸于简单的劳动中，应该有闲暇去学习、研究；有闲暇去拓展行业内的人脉；有闲暇在他的领导面前为你们部门争取资源。

这是一个人工作之余的部分，你和其他下属越是能把他从日常劳动中解放出来，他能思考的事情就越多，思考的效果也就越好，而你作为解放他的分担者，也会得到他真诚的感激。

直属领导把自己的任务交给你，说明他信任你。他认为你的能力能够胜任他交办的工作；同时你的忠诚度能够确保这些任务的安全，交给你他很放心。

当直属领导把自己的活儿交给你来做的时候，别愁眉苦脸的，这恰恰说明你的实力得到了对方的认可。

我的建议是活儿要干，但不要只傻干，不嚷嚷。不然，你的领导就会逐渐习以为常，最后领导不会觉得是你分担了他的任务，而是会觉得"你本身就该做这么多的活儿"。

你干活的时候，应该表现出"我承担了您的任务，我比过去变得更忙了，您看是不是能给我加个人"的姿态。

因为没有一个人长期负担两个人的工作而身体和心理都不出问题。而且一个人长期承担各种事务性的杂事，就很难做出出色的成绩。想得勋章得开坦克，不能总开弹药车。

你也可以直接告诉领导，你的劳动强度过大，短期之内还能拼一拼，但是长期这样下去会出现各种各样的错误，也会给领导带来风险。领导正视了这个风险之后，就会想办法了。比如他可能会选择给你加薪、晋升、奖励、培训的机会，来犒劳你和回报你。他也可能会给你配一个手下、临时工或实习生，来辅助你。

如果老板知道你压力大，很有可能给你招一个手下。千万别误解，认为领导是想招一个新人来取代自己。

只要有一个手下，无论是正式的还是非正式的，都是给你的事业增光添彩的事：你的履历表上可能因此有了第一次带团队的经历；你的第一个得力下属可能由此出现；就算这个下属不算什么人才，他也可以为你分担一些杂事。而且配一个下属给你，说明领导认可了你带团队的能力，这也是信任你的一种表现。所以，领导安排下属、给你加人手这件事，不要往反面去解读，他这么做就是对你工作的支持。

跟领导提及你因为分担领导的工作而承受压力，和跟领导抱怨是完全不同的两件事。在跟领导沟通的时候要格外注意这5个方面：

1. 不要用反问句；
2. 不要挖苦吐槽；
3. 不要打比方；
4. 不要话里有话地暗示对方；
5. 不要公开跟领导提这事。

要让领导有时间和可能性来解决你的压力，而不是步步紧逼，逼着他做什么决定。

Q12 ?

新入职，同事都比我小十几岁，
年轻人的话题我听不懂，
想补但不知道从何下手，
该怎么办？

关键词：职场社交技巧 !

！熊师傅的锦囊妙计

中年人的职场社交优势，不在于一对多地统领话题。而在于，当年轻人遇到麻烦时，可以去倾听他们的烦恼，劝慰他们；在于用多过了十年日子的智慧，提出一些可靠的建议。

饭桌话题是伪爱好，是尽量不冒犯对方的那种话题，是大家互相迁就形成的话题，而不是所有人的心头所好。比如大家都聊女团选秀类的综艺节目，不聊男明星，很可能是因为大家互相看不惯对方喜欢的明星，万一聊起来容易发生冲突。

大可不必花时间在饭桌话题上。因为你只是在刻意讨好他们，而年轻同事还未必买账。而且，中年人的竞争力不在掰手腕、扛大包和引领时髦的话题上。

与其迎合他们，不如把话题拉回到你所擅长的话题上，比如健身、运动、营养搭配和天气，这种问题同样不容易冒犯人，又是人生各个阶段都会关心和关注的。

大多数友善的同事都会迁就一下年长的同事，聊一些他们喜欢的话题。这会让饭桌上的聊天不至于尴尬——没有人愿意把你自己晾在那里,那不仅使你不自在,也会使所有人不自在。当同事们发现了你想聊的领域,他们也会方便把话题传给你——如果你只是去迎合他们,他们是没法知道你想聊什么的。

老大哥或者知心姐姐型的中年同事,在年轻人多的部门中其实是一种特别宝贵的存在,因为他们是情绪的稳定剂。他们往往是温和、柔软的,在所有人暴跳如雷的时候,能够拿出理性的态度,阻止争吵。

中年同事话少一点,多笑一笑,可能会更受欢迎。用性格的优势,去获得更多的盟友。这就是中年人的魅力所在。

如果你做的业务需要瞄准年轻人的潮流、偏好,那你不妨认真学习和研究一下这个年纪的人。

Q13

出去办事回来被财务刁难,
说有些票据有问题不给报销,
我该怎么办?

关键词:应对职场卡点

！熊师傅的锦囊妙计

财务有一套特别严谨的规章制度，但是大多数的规章制度都会允许一定量的例外。财务不愿意让你破例，很可能只是因为你的职级不够。

你可以求助你的直属领导。他比你经验更丰富，也许有解决这个问题的方案；你是为公家办事，也不应该让你受损失；他的职级比你高，财务也许会买他的面子。

如果你求助领导还是报销不了，领导会想办法用别的方式来给你一些补偿，比如发部门奖金的时候对你做一点倾斜。

千万不要随便去跟财务争吵、起冲突。很多人认为可以硬气一点，捋一下财务同事，让对方觉得自己不好欺负，其实大错特错。只要财务同事遵守制度，谈及企业风险，他们就是立于不败之地的。

跟一个你不熟悉、不了解的人起冲突，在职场上是非常愚蠢的做法。财务部门的负责人，永远都是老板最信任的那一个。

而有些大企业的财务部门，往往塞进了很多老板或老板朋友的亲戚，甚至还有某些领导的亲戚朋友。

诚心求教财务同事。对方就是为了少担风险、少惹麻烦，但是如果你姿态摆低一点："那可惨了，我还有什么别的办法吗？"有的时候，对方反而可能会给你指条明路。

如果财务这样说，就是在帮你了："你写个情况说明，部门领导签字之后，找副总裁，他只要答应了，我这里就没问题。"

平时对财务、行政甚至前台，都要客客气气的，偶尔分享一些零食水果，有时候能从他们那里得到非常有用的信息。

Q14

下属总是自我感觉良好，喜欢抢话，我想杀杀他的傲慢，又担心得罪他，**该怎么办？**

关键词：下属管理技巧

! 熊师傅的锦囊妙计

先别着急,也许你的下属不是为了抢你的风头,而是为了在你面前显示自己对某个领域在跟进、有研究。和这种积极回应业务话题的下属相比,对工作毫无主动性、一问三不知的下属才是领导真正的噩梦。

想让下属脚踏实地,变得沉稳起来,要做到问看法,不问概念。下属喜欢抢话,如果抢着说的又都是一些行业的 ABC,这就说明他还没有形成自己的观点。所以要就某个问题的看法来提问他:"最近移动支付领域有什么新的动向啊?""这款新技术,在哪个领域可以发挥作用呢?"

这些问题如果他答不上来,就可以趁机给他推荐行业前端的著作和文章,下次他就会认真思考这类话题,也就不会抢话了。

问细节,不问大形势。如果你爱聊大的行业形势,那下属就可能滔滔不绝;如果你在他抢话之后立刻回到技术细节上,他也会变得更加脚踏实地。

大多数喜欢抢话、爱背教科书的人，都容易忽视工作中最扎实的那一块，多对这部分提问，他就会逐渐放下那些宏大的叙事，变得踏实起来。

不杀威风，只提要求。"自我感觉特别好"的人，是可以用的，要把他对自己的高期待激励起来。从这种角度来看，"杀杀对方的傲慢"，大可不必。

如果下属被问住了，也不要趁机去羞辱、打击他。"多关注关注这一块，我觉得这在未来会特别重要。"一句话其实就够了。

对自己评价高的人，其实是容易驱策的人。把他们想要证明自己的心思变成他们前进的动力，他们就会表现得特别好。

Q15

领导是自大狂,喜欢反复吹嘘当年的辉煌史,
我觉得跟着这样的领导没前途,
想离职又下不了决心,
该怎么办?

关键词:应对领导缺陷

! 熊师傅的锦囊妙计

别着急辞职,要不要放弃一份工作,跟领导是不是爱说陈谷子烂芝麻的事、是不是喜欢自我吹嘘没有直接的关系。

反复谈论早年经历,也许不是"自大狂",而是健忘症。你的领导也许不是因为喜欢吹嘘自己,而是他人到中年,各种压力纷至沓来,对自己说过什么、没说过什么都记不太清了。

把分享经验看成有责任心的表现。你的领导上面也许还有两层甚至三层领导。他不在乎企业的根本业绩,而是尽可能地显示自己在忙碌,自己在传帮带。但是他传授经验的方式有问题,所以就陷入了一个怪圈:他越有责任心,你们的时间就越被浪费掉了。

追问细节。领导的回忆是常问常新的,如果他再利用午饭时间或是工作外的时间吹嘘自己,那就不妨多问问他口中"神话"的技术细节,让他传授点经验,让他说出"我是怎么做到的"。只要有一点收获,你听他说话的时候就没有那么痛苦了。

让领导更忙碌一点。如果你可以安排领导的日程,尽可能少给领导安排务虚的会、头脑风暴会,把内部会议时间控制在40分钟到1个小时,到时间就让下一个会议把他请走。给他"忙起来的感觉",他在会上就可以少谈很多往事。

爱自吹自擂、沉溺于往事,更重要的原因可能是领导已经落后于时代,他觉得自己跟不上时代了,不一定是自大狂。自大狂是胡乱指挥、越级指挥,否定所有人的意见,不听别人解释,打击手下人的自信心。

判断一个领导好不好,还要看他大的战略方向对不对,愿不愿意栽培和重用手下,愿不愿意为员工的错误负责而不是甩锅,给不给员工合适的待遇和上手的机会。相比之下,爱讲陈谷子烂芝麻的事和吹嘘当年的辉煌史,这些根本没有那么重要。

Q16

AA制的聚餐,我先把钱付了,
该怎么开口跟大家要钱?

关键词:聚餐结账技巧

！熊师傅的锦囊妙计

这种情况，当场、立刻收钱最好，千万不要因为害羞或客气，就"回头再说"，有些习惯不好的人，"回头"就永远没法说了，反倒是在一帮好人眼皮底下，他们才会把钱掏出来。

服务员拿着单子过来的时候，一般会找主位的人。这个时候你应该说"我先来"。"我先垫付，大家摊钱"，这个表态就很明白了。

"这次我来"这句话意味着你要请客，没有理由千万别这么说，除非是四五人的小聚会，轮流坐庄那种，聚会的圆桌局最好就是 AA。"（账单）给我吧"这句话也显得含混不清，别人不知道是什么意思。

唱收唱付。"1024 元，你别说这个数字还挺整。""888，这个馆子还挺实惠。"看上去是评价数字或物价，但真实目的在于告诉大家，你一共垫付了多少钱，这个时候用钱习惯比较好、不愿意占人便宜的人就会帮你计算了。

说出例外。"×××下半场才过来，没吃饭，不能算他。""×× 同学带了酒，饭钱就不算他的了。大家觉得可以吗？"说出不收 ×× 的钱，讲明白理由，征求大家的意见，同时也强调这个饭局的 AA 制属性。

善用"群收款"。如果你觉得 App 的支付功能有点太露骨，可以使用"群收款"功能，把收款请求发到群里，大家都能看到谁支付了款项——这个功能就是用来对付厚脸皮想蹭饭的人的。

出门带充电宝是个好习惯。如果有人说手机没电了回去再转给你，你就立刻把充电宝给他。"得充上电，不然一会儿打车或者叫代驾都麻烦。"

如果有人说"没流量了，回去再付"，你就立刻让服务员提供店里的 Wi-Fi 密码，或者开手机热点，甚至索性给他充一个 5 元的流量包。现在要是谁还用没流量来做借口，那一定是想赖掉这点小钱。

每句都是体贴，每句都不让他跑了，这就是留余地，但也不姑息鸡贼者的做法。注意最后要安慰一下所有人："今天真开心，老朋友聚会，吃得又舒服，以后要经常聚呀！"

Q17 ?

领导让我安排团建活动，
我在这方面毫无经验，
该怎么办？

关键词：组织公司活动 !

! 熊师傅的锦囊妙计

先确定一下开不开会。在接手任务之后，你应该立刻跟领导确认，他有没有比较正式的发言计划。如果有的话，就算只有 10 个人团建，也应该给他准备一个麦克风，或者吃饭前借用一个会议室。

游玩项目的禁忌。最好事先做一些统计，比如多少人不能玩高空项目，多少人不能玩水上项目。如果要进行风险很高的旅游项目，比如高空项目，最好是和正规的旅游公司合作。你仅仅是一个监督者，而不是大包大揽，把一些本来应该在预算之内的安全保障省掉，也给自己增加不必要的风险。

如果是在景区进行团建，就要给大家留出游玩的时间。如果是去某个轰趴馆或农家乐，那扑克、麻将和卡拉 OK 就已经够大家玩的了。人只要聚在一起，就能自己找乐子。与其费尽心思安排一些小众项目，不如安排好大家的吃喝住行。

不要安排太小众的项目，比如密室逃脱。你喜欢的项目未必适合每个人，想让更多人满意，肯定要选择大众的项目。

确定好时间、地点。比如，这次活动到底是在周六日还是在工作日，在郊区还是市区。

确定好交通方案。比如，是包车还是大家直接在团建地点集合。要随着时段、路况、节假日车流做调整，路上耽搁的时间尽量少一点。

如果是在本市市内团建，最好不要安排住宿，因为很多人可能愿意晚上结束就回家。团建地点在郊外的话，也可能有人愿意夜间回城；如果需要安排夜间娱乐活动，那就安排到足够远的地方，比如外地，甚至是国外。

费用没有那么重要。因为你的选择余地已经没有那么多了，等询价完毕，你把预算范围内的场地整理出来，请领导定夺就可以了。

不要擅自请大家投票决定，除非领导说你可以这样做。领导如果觉得不满意，就算大家都满意，这个工作也失败了。这就叫"干活不由东，累死也无功"。

一般的部门团建，就是游玩的代名词。"开会"一般是全公司级别团建的标配，有三级或者更多的关系，就会安排领导讲话了。

Q18

和一个非常强势的同事吵架了,想恢复我们俩的关系,**该怎么办?**

关键词:同事关系处理

！熊师傅的锦囊妙计

大多数"气场强大"的人，其实只是用了"碾压策略"。他们看上去经常挑衅别人，其实是怯于真正和别人起冲突的，只要对他传递出"别来这套，我看透了"的意思，他可能就会收起那种试图碾压你的思想，认真处理和你的关系。

争吵后如何恢复关系。你要明白两句话，那就是：并非所有的关系都可以恢复，并非所有的关系都需要恢复。

如果和你发生冲突的是对手，比如你们下个月要同时竞聘一个部门经理或主任的岗位，那你们就没有什么恢复关系可言，你和对方沟通之后可以做到"大面上过得去"，但很难恢复曾经的亲近和友善。同时，你也没有必要和对手恢复亲近的同事关系，因为你们之间的利益冲突，会让你们一直处于彼此提防的状态。

如果是盟友或中立同事之间发生了争吵，尤其是因为琐事而争吵，最好是尽快修复关系，不要让对手趁机打入你们之间，或是留下不可解的仇怨。

修复关系不意味着你要道歉，道歉只会让对方变得更加骄纵，你们从此就成了一种"撒娇—退让"的关系，你就总得吃亏了。

所以你和他不仅要恢复关系，你要达到的目标有两个：一个是告诉对方，"我不想继续斗了，免得耽误工作"；另一个是向对方表达"我也不是好惹的，下次别惹我了"。

但是注意不要直接说出这两句话，因为容易激怒对方，对方很可能一句话怼回来："我可从来没想要跟你斗，你想多了。"

两个人之间如果有斗争又要合作，谁会取得胜利呢？不是更有钱的人，也不是气场更强的人，占优势的一定是那个看上去更不在乎关系破裂的人。

所以当对方开始指责、发脾气、使性子的时候，你要保持冷静。努力"比他还凶"没有任何意义，而且温文尔雅的人表演暴躁易怒，一点都不像。这时候只要让对方觉得"这家伙不简单，不好对付"，他就会收敛自己的脾气，认真对待你的意见了。

还有一招很好用，那就是"称赞—迷惑"，目的是"把不确定性留给对手"。我把这个招数给你详细分析一下：

等下周一你刚见到这位同事的时候，朝他微笑，在即将擦肩而过的时候，点头致意："哎，衣服（发型）不错哦。"不要说第二句话，脚步不停直接去忙你的工作。

没有人会厌恶称赞的，即使彼此关系不好，对方在听到称赞的时候，也会有一点点的喜悦。但是接下来他就会仔细琢磨这个称赞的含义："这家伙什么意思？""是嘲讽，还是真心的赞美？"你给出的信息对他而言充满了不确定。不确定、复杂的局面，是喜欢使用碾压策略的人最害怕的东西。

他带着不确定回到自己的工位上，而你是清楚自己在做什么的。周一上午是每个人都疲惫而忙碌的一个时段，你在发出了称赞之后，该干吗干吗，神清气爽，一上午效率都很高。而他却在揣摩研究犯嘀咕，一上午效率极低，可能什么都干不成。

这就是"把不确定性留给对手"。用"称赞"去迷惑对方，打破僵局，比重新回到周五争吵结束的地方，向对方道歉或要求对方道歉，都要有效率得多。

等你下午或第二天再见到他时，就会发现他的态度有所转变，这个时候重新开口谈工作，就好像周五的事情从没有发生过，事情就这么过去了。

他至少会明白一件事，你的情绪是他无法影响、无法控制的。"这个人不简单，我不应该再继续对他使用碾压策略了，还是跟他好好相处，讲道理会更好吧。"

Q19

A 同事习惯了以自我为中心，
每次午饭时间，
她就开始喋喋不休地谈论自己的孩子。
我们想岔开话题又不想失礼，
该怎么办？

关键词：同事相处技巧

!熊师傅的锦囊妙计

有一种人，永远都要站在聚光灯下，如果有一刻没有成为关注点，他们就会感到非常不安，觉得自己被抛弃了。A 同事就是这种人。没有必要专门躲开或者孤立这种人，他们往往没什么坏心眼儿，十之八九还有一点不恰当的热心肠。

午饭时候，如果想岔开话题，你们可以互相递话，把话题转给其他同事。当她说到"我家的学区房一千多万"的时候，你赶紧把话递给对面的同事。

"刘姐，你家孩子是不是也小升初了？这次派位是什么规则呢？"

刘姐接住话题的同时，A 同事如果打断，一下子就要得罪两个人，如果她稍微有点眼色，就会等着刘姐说完。当然了，有些重度话痨会完全忽视大家的感受，把话题拉回来继续炫耀。

写字楼所在的区域大多是寸土寸金，公司的就餐区面积一般不会太大，餐桌都很小，一个人开始说话，周围的人就只能听着，这可能是你们不开心的根源。

你们可以考虑出去吃几次饭。如果 A 同事也愿意去，你们就挑一个人特别多、非常吵的馆子,大家都得扯着嗓子说话才能让对面的人听清楚。这样大家就能少说很多话,吃得也会更快。

出去吃的时候,你们尽量坐四人桌或是二人桌,安排最闷的同事坐她对面,或者大家轮流坐她对面。当她的那些话不能对所有人说的时候,喋喋不休就没有那么多的价值了。

另外,你们还可以分别去不同的地方吃饭,每个人要吃的东西都不一样,这样她就没办法同时折磨大家。

还有一个大招是"我在减肥"。如果你的同事已经去了不同的地方吃饭,你还是被 A 同事继续拉着唠嗑的话,你就可以告诉她自己正在减肥,在工位上吃一个三明治或是一份健身餐,今天就不聊天了。